Logika jokoak 2

OINARRIZKO GAITASUNAK LANTZEKO KOADERNOAK

Liburu honek Hezkuntza, Unibertsitate eta Ikerketa Sailaren
egokitasun-aitormena du.
Data: 2005-01-21

Egileak: Xavier Blanch eta Laura Espot
Marrazkiak: Cristina Losantos
Itzulpena: Joxan Ormazabal

Lehen argitaraldia: 2005eko apirila
Azken argitaraldia: 2023ko ekaina

Diseinu grafikoa: Cass
Maketazioa: Georgina Eskutia

ISBN: 978-84-9783-230-4
L. G.: SS 171-2014

Inprimatzailea: Leitzaran Grafikak, S. L. Martin Ugalde Kultur Parkea. Andoain (Gipuzkoa)

1 Jarri zenbakiak biñeta hauen ordena kontuan harturik.

2 Goiko zein marrazki jarri behar da beheko lauki hutsean segida osatzeko?

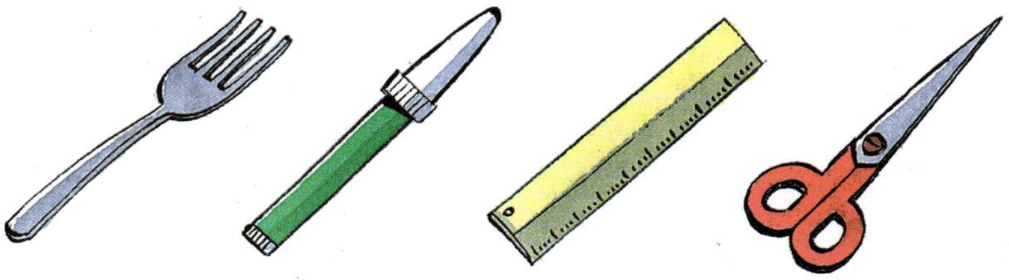

3 Osatu segida.

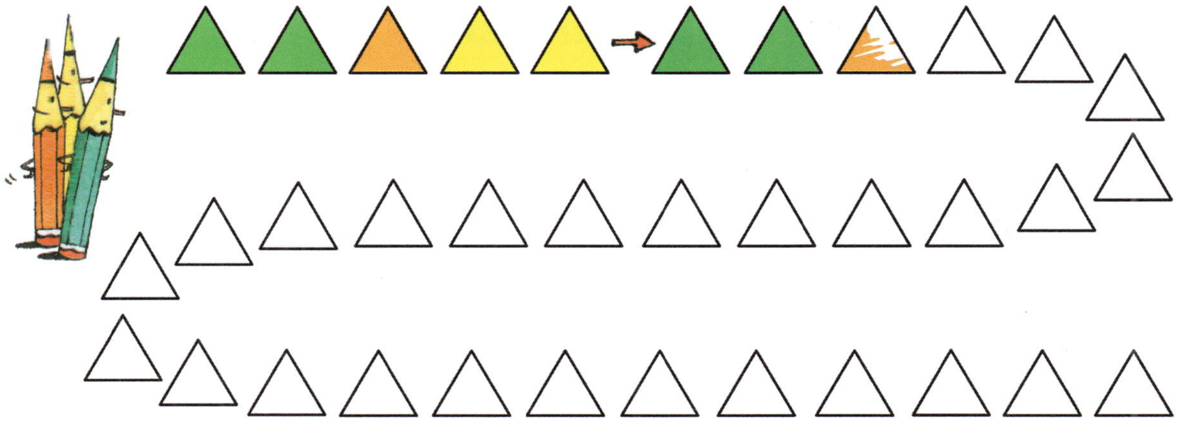

EGUNA:

IZENA:

4 **Margotu lauki txiki bakoitzean falta den irudia edo irudiaren zatia.**

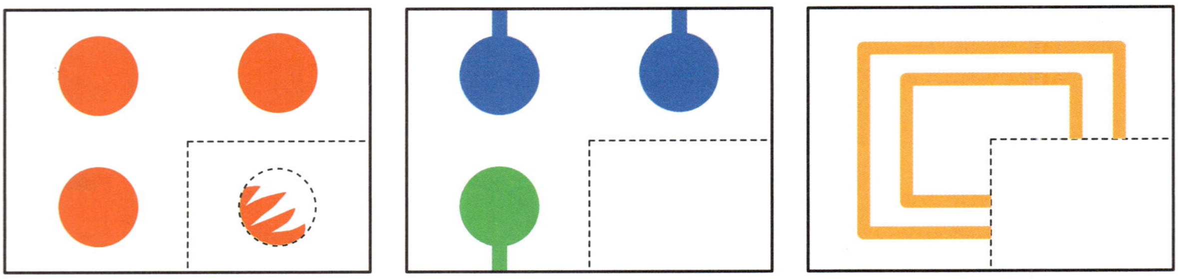

5 **Mamux nor den asmatu behar duzu. Bost gauza hauetatik hiru bakarrik daramatzana da: betaurrekoak, txanoa, gerrikoa, botak eta bastoia.**

6 **Goiko zein biñetak osatzen du beheko biñeten segida?**

7 Lotu elkarrekin zerikusia duten zutabe bakoitzeko marrazkiak.

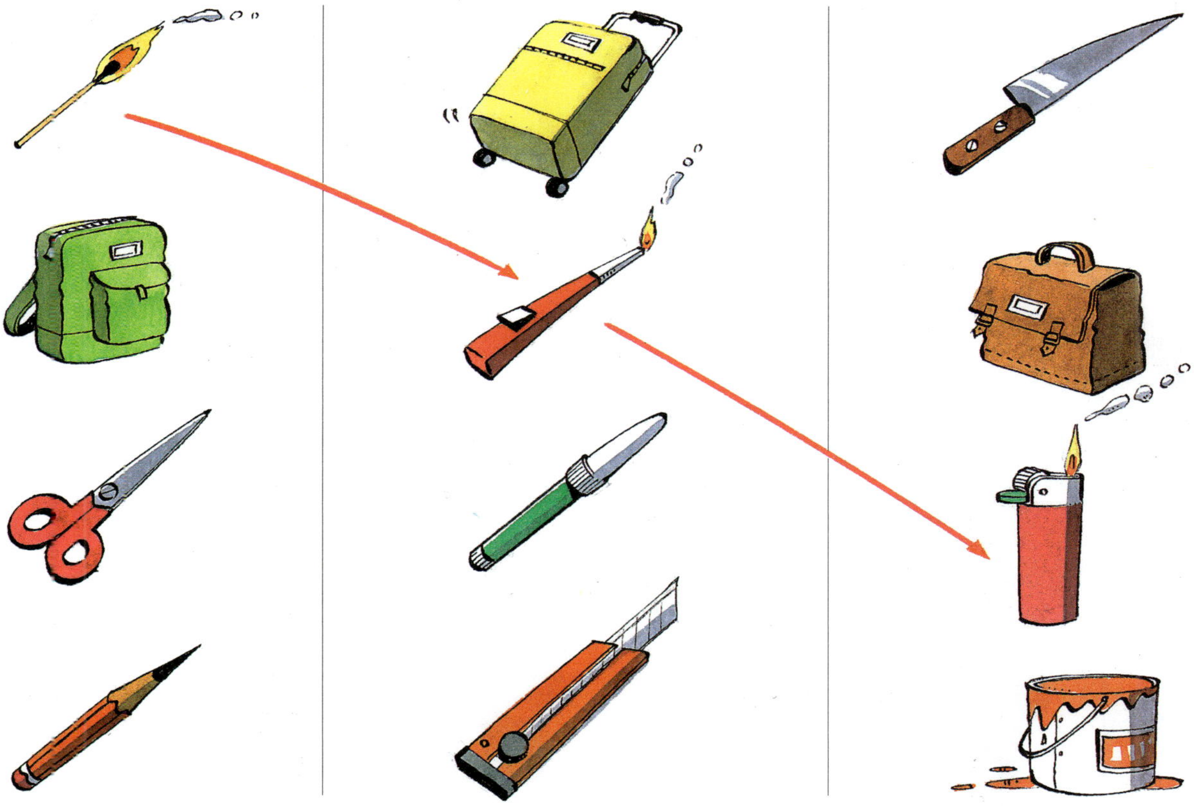

8 Osatu segida.

IZENA:

EGUNA:

9 **Marraztu irudi bakoitzari falta zaion zatia.**

10 **Xabier nor den asmatu behar duzu. Egin gainetik marra bat ilara bakoitzean goiko esaldiarekin bat ez datozen pertsonaiei.**

Gizonezkoa da.

Ile kizkurra du.

Biboteduna da.

EGUNA:

IZENA:

11 Goiko zer marrazki jarri behar da beheko lauki hutsean segida osatzeko?

12 Goiko marrazki bakoitzak beheko batekin dauka zerikusia. Egin behar diren loturak gezien bidez.

13 **Osatu segida.**

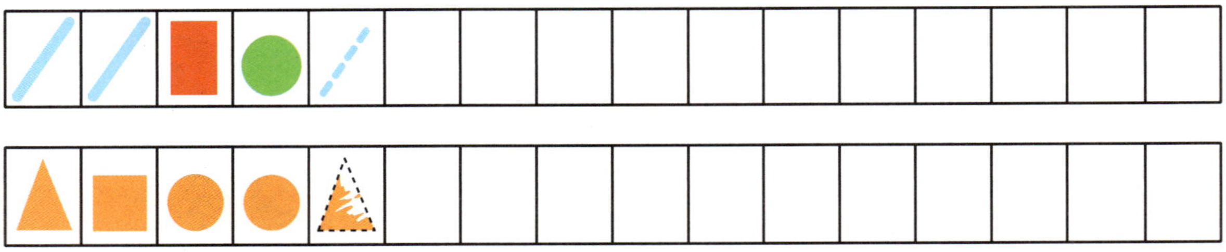

14 **Inguratu multzo bakoitzean segidarekin zerikusirik ez daukan marrazkia.**

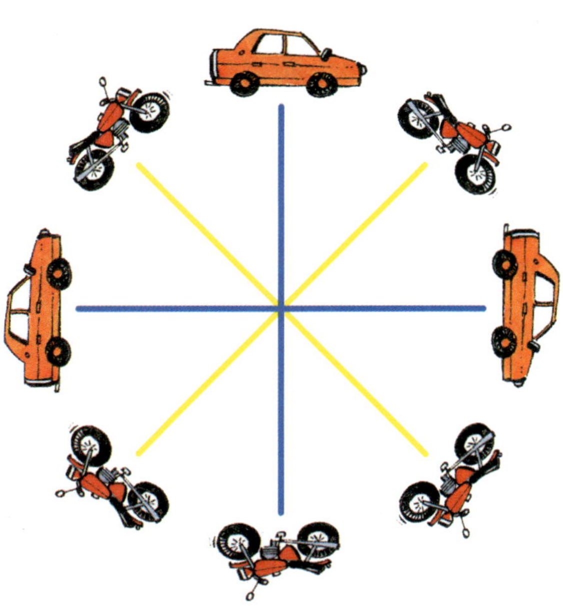

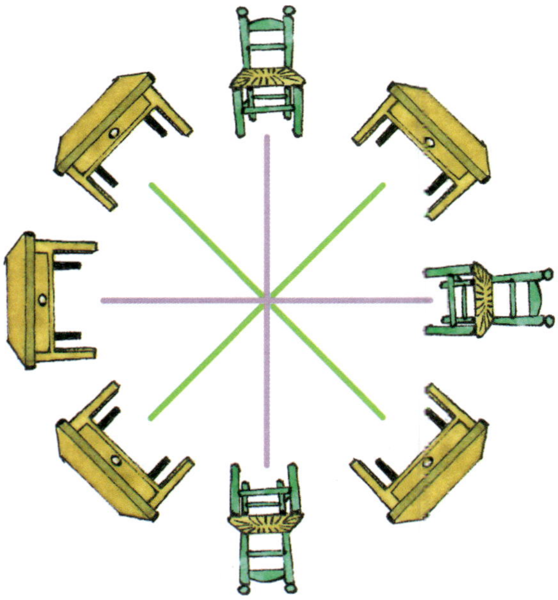

EGUNA:

IZENA:

15 **Arranpalo munstroa zein den asmatu behar duzu. Bost gauza hauetatik hiru bakarrik daramatza: eskularruak, begizta, botak, betaurrekoak eta gerrikoa.**

16 **Ordenatu biñetak zenbaki egokiak jarriz.**

17 **Osatu segida.**

18 **Aurkitu beste bost aldrebeskeria.**

19 **Margotu eskuineko lauki handian ezkerrekoan zuriz dauden laukitxoak.**

20 **Miren nor den asmatu behar duzu. Egin gurutzetxo bat ilara bakoitzean goiko esaldiarekin bat ez datozen pertsonaiei.**

Emakumezkoa da.

Ile luzea du.

Galtzak ditu.

Betaurrekoak ditu.

IZENA:

EGUNA:

21 **Osatu segidak.**

22 **Margotu lauki bakoitzean dagokion irudia.**

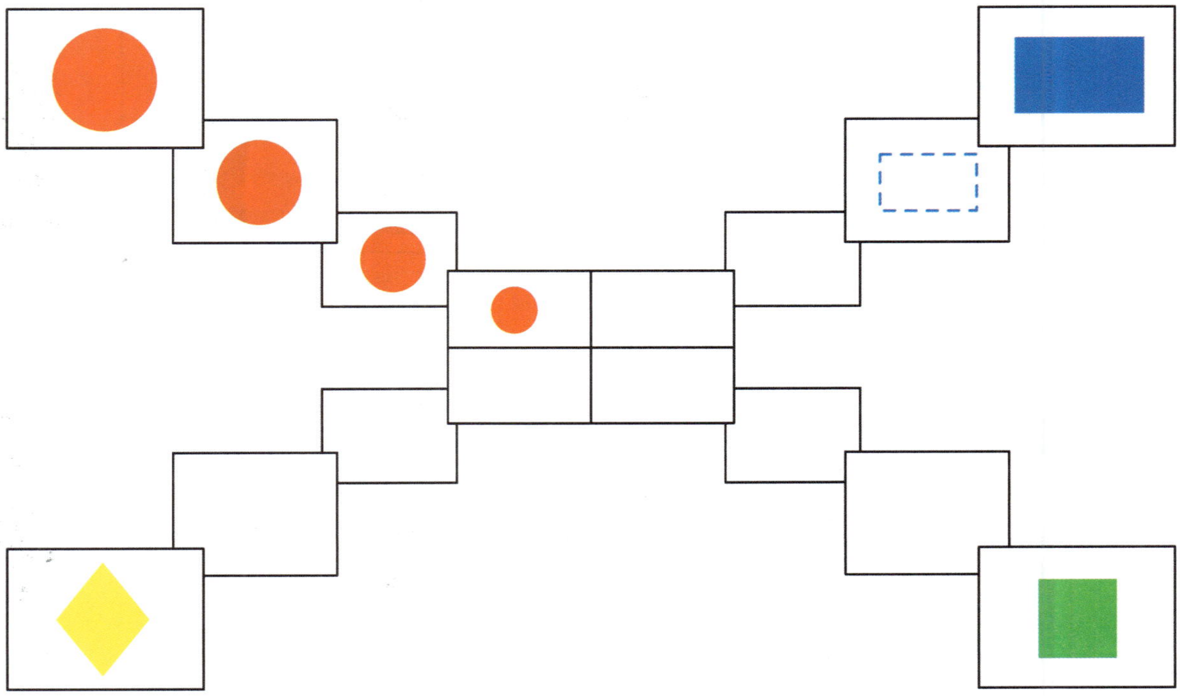

23 Zein da Top detektibea lau pertsonaia hauetatik?

Top detektibea:
- Gizonezkoa da.
- Betaurrekoak ditu.
- Bibotea ere badu.

24 Seinalatu ilara bakoitzean besteekin zerikusirik ez daukan marrazkia.

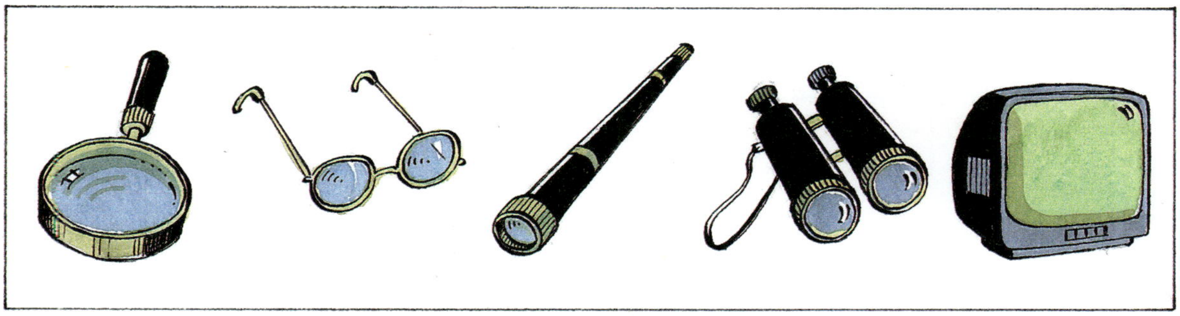

IZENA:

EGUNA:

25 **Begiratu ondo segidari eta inguratu marra batez bere lekuan ez dauden ordulariak.**

26 **Marraztu eta margotu irudi bakoitzean falta den zatia.**

27 **Praxkumakur nor den asmatu behar duzu. Egin gainetik marra bat ilara bakoitzean goiko esaldiarekin bat ez datozen pertsonaiei.**

Gizonezkoa da.

Altua eta iharra da.

Kapela eta betaurreko ilunak daramatza.

EGUNA:

IZENA:

28 **Goiko zein marrazkik osatzen du azpiko segida?**

29 **Aurkitu eta sartu biribilean beste sei aldrebeskeria.**

30 Marraz inguratu goiko ereduaren arabera lekuz kanpo dauden animaliak.

31 Elkarlotu zutabe bakoitzeko marrazkiak zerikusia daukaten beste zutabeetakoekin.

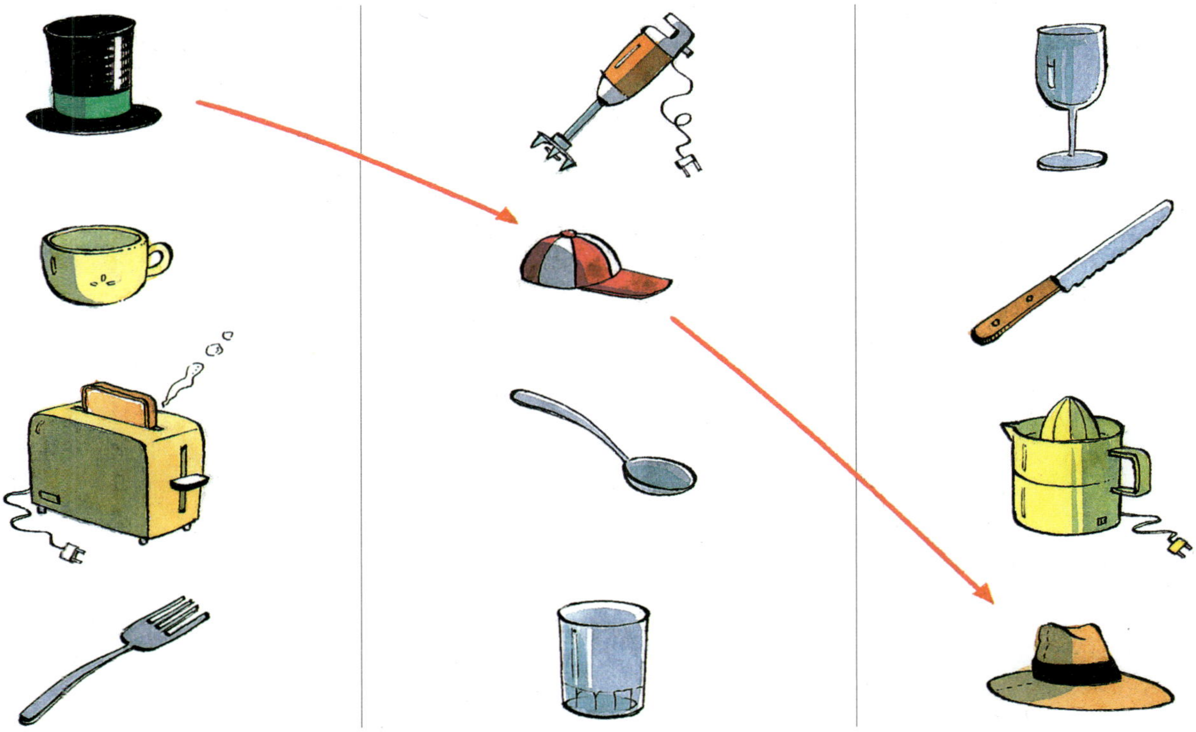

EGUNA:

IZENA:

32 **Osatu segidak.**

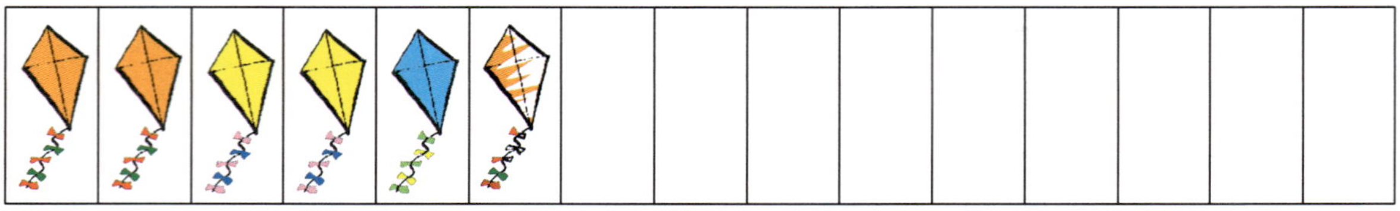

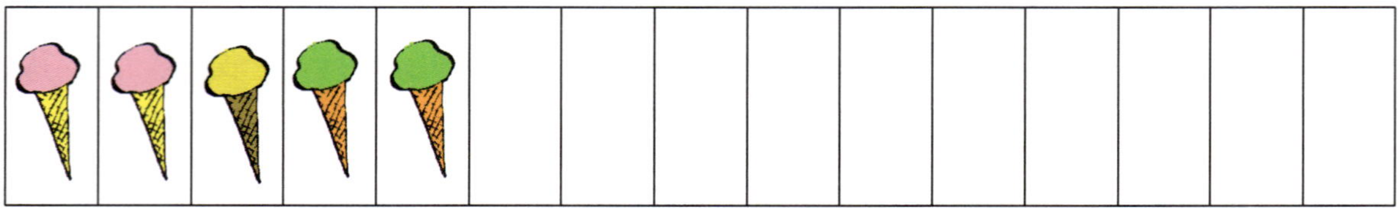

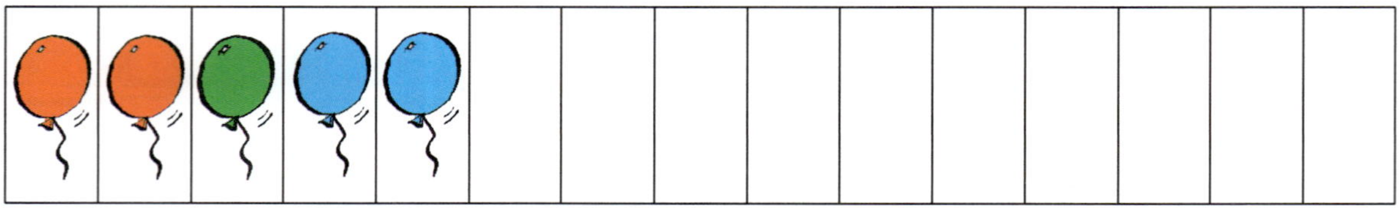

33 **Margotu multzo bakoitzean falta diren irudiak.**

EGUNA:

IZENA:

34 **Asmatu hauetatik guztietatik zein den Morfina doktorea.**

Morgina doktorea:
• Ile luzea du. • Belarritakoak ditu. • Takoidun zapatak ditu. • Galtzak ditu.

35 **Goiko zein marrazkik osatzen du beheko segida?**

36 **Erlazionatu goiko marrazki bakoitza berari dagokion behekoarekin.**

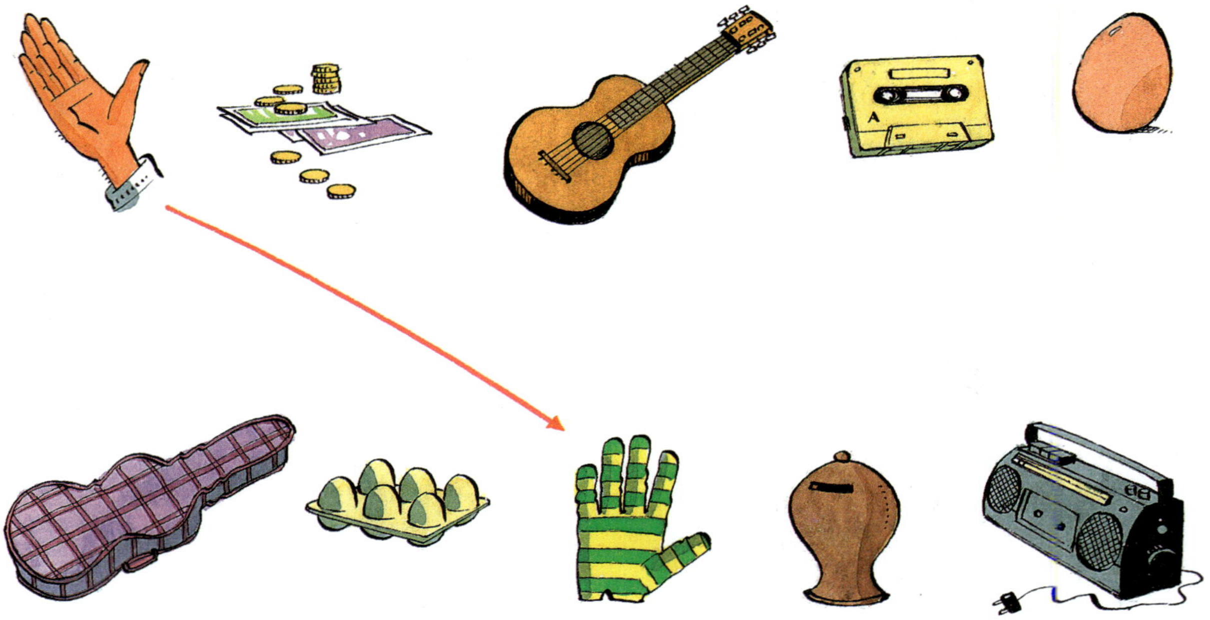

37 **Marraztu zirkulu bakoitzean falta den irudia.**

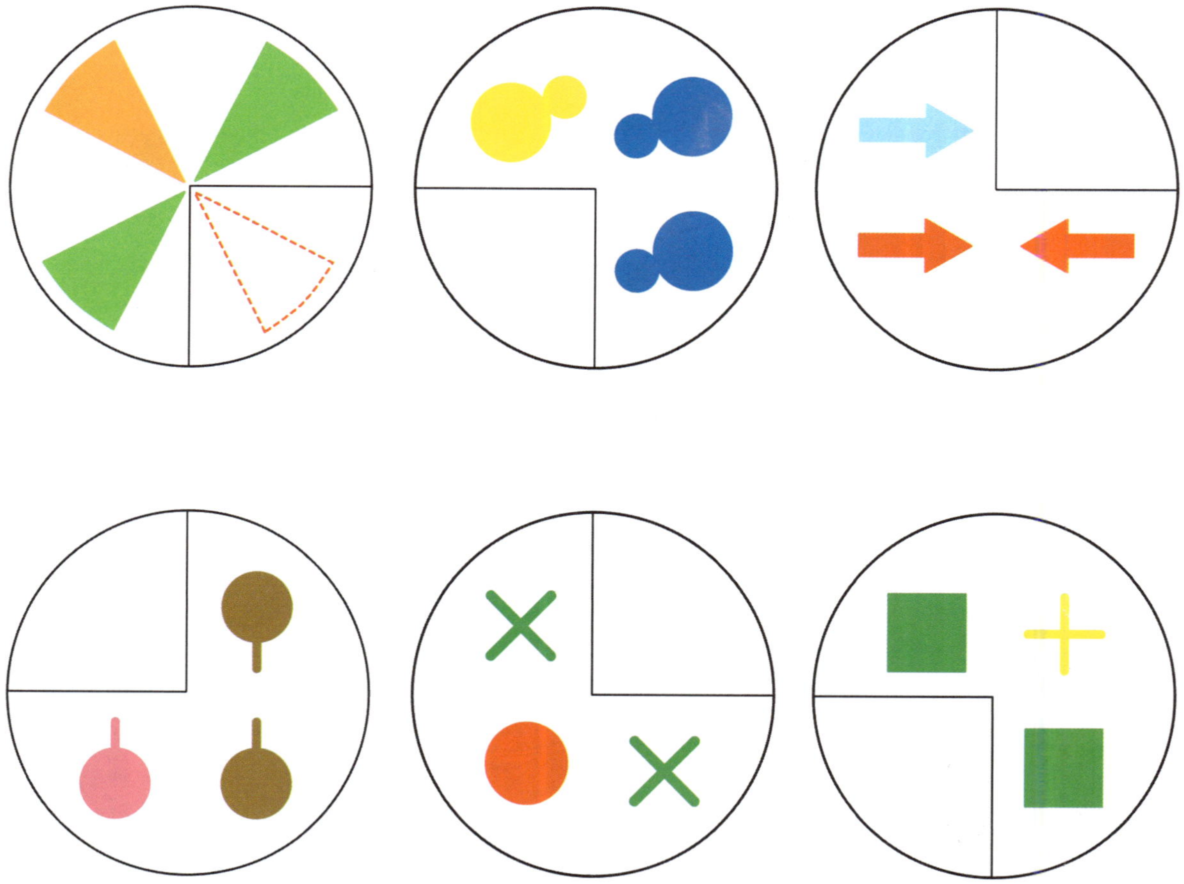

38 Osatu segida.

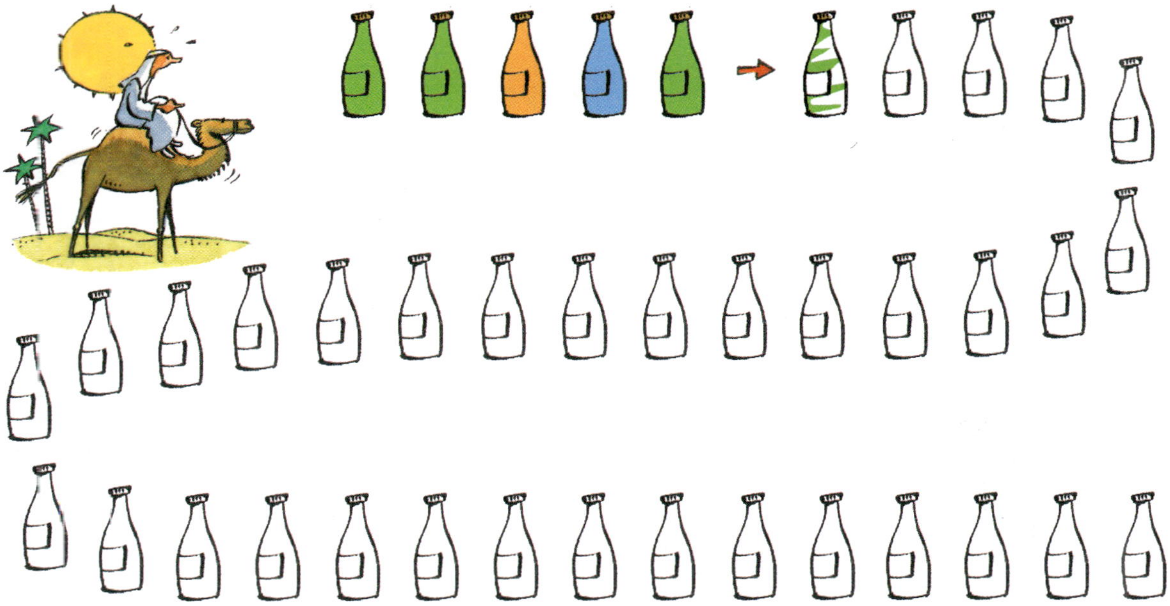

IZENA:

EGUNA:

39 Goiko zein marrazkik osatzen du beheko segida?

40 **Pilomena nor den asmatu behar duzu. Egin gainetik marra bat ilara bakoitzean goiko esaldiarekin bat ez datozen pertsonaiei.**

Emakume gaztea da.

Lodia eta baxua da.

Poltsa eta botak ditu.

41 **Aukeratu goiko marrazkietatik behekoekin zerikusi zuzena duena, eta marraztu lauki zurian.**

EGUNA:

IZENA:

42 **Inguratu marraz lekuz kanpo dauden neskatilak, modeloa kontuan harturik.**

43 **Ordenatu biñetak, zenbakiak jarriz.**

44 **Lotu elkarrekin zerikusia duten zutabe bakoitzeko marrazkiak.**

45 **Osatu segida.**

IZENA:

EGUNA:

46 **Margotu zirkulu bakoitzean dagokion irudia.**

47 **Asmatu pertsonaia hauetatik nor den Luxio suhiltzailea.**

Luxio suhiltzailea

- Altua da.
- Iharra da.
- Bizarra du.
- Betaurrekoak ditu.

48 Goiko zein marrazkik osatzen du beheko segida?

49 Ilara bakoitzean besteekin zerikusirik ez duen marrazki bat dago. Ea asmatzen duzun zein den.

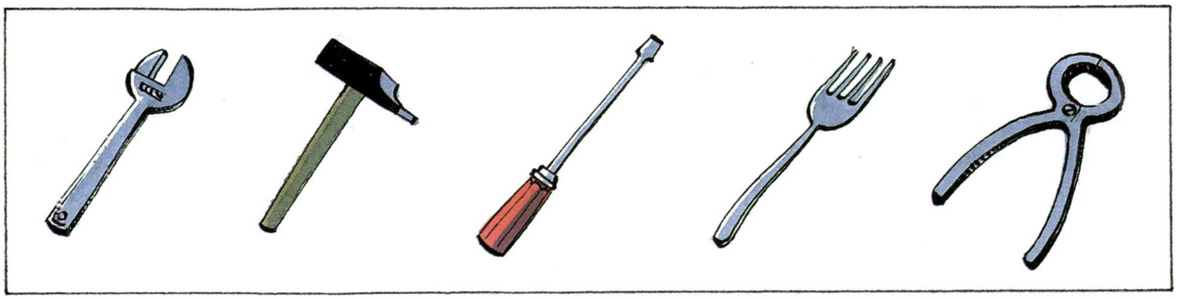

EGUNA:

IZENA:

50 **Osatu segida.**

51 **Margotu eta marraztu multzo bakoitzean falta diren irudiak.**

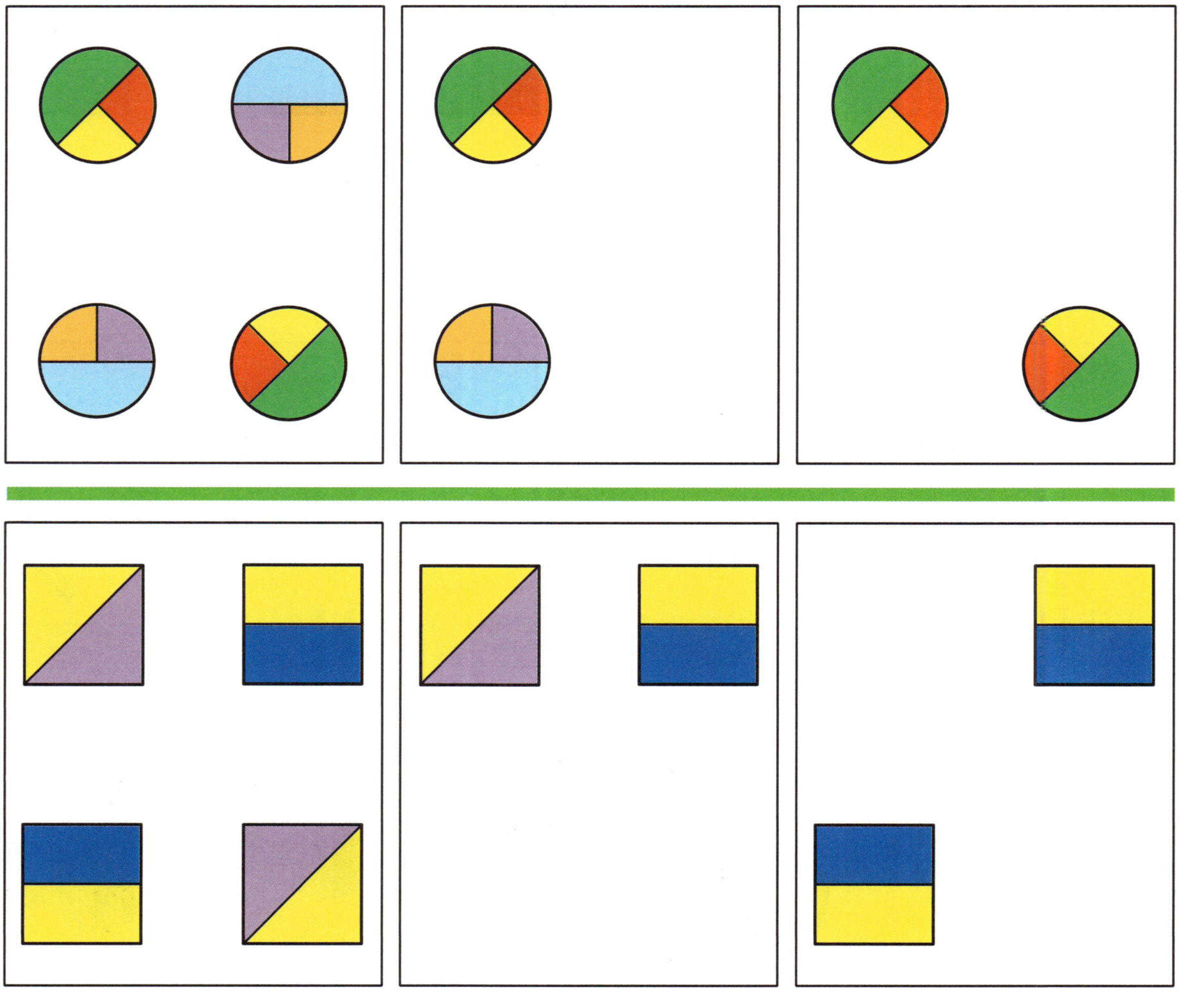

IZENA:

EGUNA:

52 **Nor da Ainara eta nor da Enara? Inguratu gorriz Ainara eta urdinez Enara.**

Ainara:
- Gonaduna da.
- Lodia da.
- Ile luzea du.

Enara:
- Gonaduna da.
- Es gruesa.
- Ile motza du.

53 **Goiko zein marrazkik osatzen du beheko segida?**

54 **Aukeratu goiko marrazkietatik behekoekin zerikusi zuzena duena, eta marraztu lauki zurian.**

IZENA: EGUNA:

55 **Osatu segidak.**

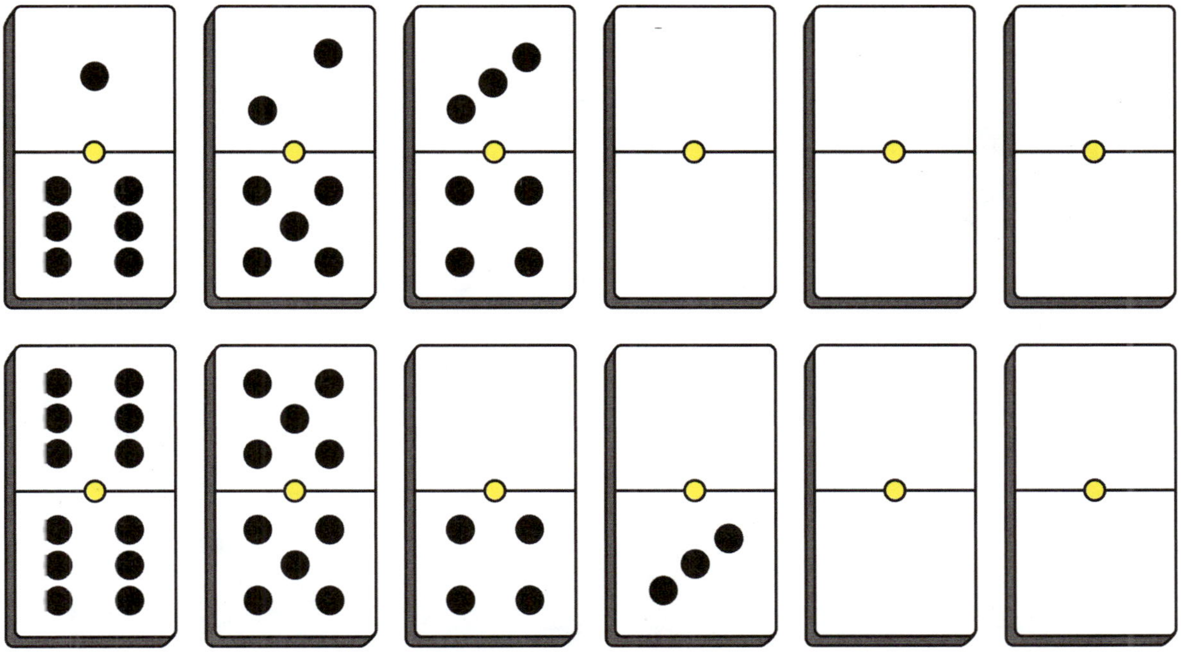

56 **Marraztu eta margotu irudi bakoitzari falta zaion zatia.**

57 **Aurkitu eta inguratu beste sei aldrebeskeria.**